小女生的战役
The battle of the little girls

时尚"萌主"

SHISHANGMENGZHUDE
AISHOUCAIZHUANGXIU

的快手彩妆秀

姚 羽●编著

U0322781

哈尔滨出版社
HARBIN PUBLISHING HOUSE

图书在版编目(CIP)数据

时尚"萌主"的快手彩妆秀 / 姚羽编著. —哈尔滨:哈尔滨出版社,2012.6
(小女生的战役)
ISBN 978 -7- 5484 - 0994 - 6

Ⅰ. ①时… Ⅱ. ①姚… Ⅲ. ①女性-化妆-基本知识
Ⅳ. ①TS974.1

中国版本图书馆CIP数据核字（2012）第057669号

书　　名：时尚"萌主"的快手彩妆秀

作　　者：姚 羽 编著
责任编辑：张凤涛　苏 莉
责任审校：李 战
封面设计：琥珀视觉　路 征

出版发行：哈尔滨出版社（Harbin Publishing House）
社　　址：哈尔滨市香坊区泰山路82-9号　　邮编：150090
经　　销：全国新华书店
印　　刷：哈尔滨报达人印务有限公司
网　　址：www.hrbcbs.com　　www.mifengniao.com
E-mail：hrbcbs@yeah.net
编辑版权热线：（0451）87900272　87900273
邮购热线：4006900345（0451）87900345　87900299　或登录蜜蜂鸟网站购买
销售热线：（0451）87900201　87900202　87900203

开　　本：880mm×1230mm　1/32　印张：4.5　字数：50千字
版　　次：2012年6月第1版
印　　次：2012年6月第1次印刷
书　　号：ISBN 978-7-5484-0994-6
定　　价：18.00元

CONTENTS

001

无敌超萌萝莉妆

无敌超萌
萝莉妆
CUTE LOLITA MAKEUP

清新小萝莉
韩式开运妆容

FRESH
LITTLE LOLITA
LUCKY COSMETIC

淘宝红人818

知名麻豆玺雅呢呢
淘宝ID：玺雅呢呢

淘宝达人，彩妆达人，淘女郎，东北农业大学动画系在校学生。与多家杂志、出版社长期合作，担任平面模特，曾与《中国保健营养》2012年第一期合作《将可爱进行到底》。
关键词：玺雅呢呢
微博：http://weibo.com/xiyanene

这次给大家带来了不一样的妆容——韩式开运妆，简单好上手。

美女们要做好补水嫩白基础护肤，这样皮肤才会有光感，如果光靠粉底是不行的哦！

来看妆前妆后的对比图！

化妆前

化妆后

选BB霜要有遮瑕、美白、防晒、护肤、保湿功效的才算是好产品，能够把对肌肤的伤害减到最小，又能呈现完美无瑕的底妆。

如果美女们喜欢有光泽度的皮肤，那一定不要过度地使用定妆粉和蜜粉哦！

BB
beauty quick

Cream
Concealing & Fading
BB Cream

修颜无瑕BB霜
净含量40ml

如果一定要使定妆粉和蜜粉，最好用刷子蘸少量扫上去，这样才够清透！

很多人问我，为什么我的皮肤总是有光感，那是因为每天我都养成好习惯，就是做面膜。

把脸的水分补得足足的，这样不管怎样，我打完底妆皮肤都会很亮。

　　我的眼皮很爱出油，会出现上午化妆下午眼影就花掉的情况。

　　所以我一定要用干粉拍上几下，可以起到眼部打底和定妆的效果哦！

　　干粉可以用比自己肤色稍白一点的，这样会突出眼部并且能使眼影更显色。

　　这次的妆容选用比较甜美的颜色就不适合了，所以选了很柔和的烤粉质地的，颜色不会过分的艳丽。

　　属于很柔和又有淡淡色泽的那种。

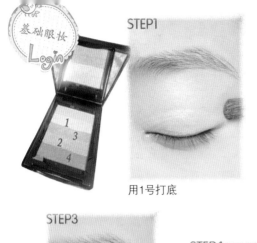

STEP1

用1号打底

STEP2

用2号在眼皮中间晕染

STEP3

用3号在眼尾三角区晕染

STEP4

用4号在下眼线的三分
之一处晕染

STEP5

基础眼妆完成

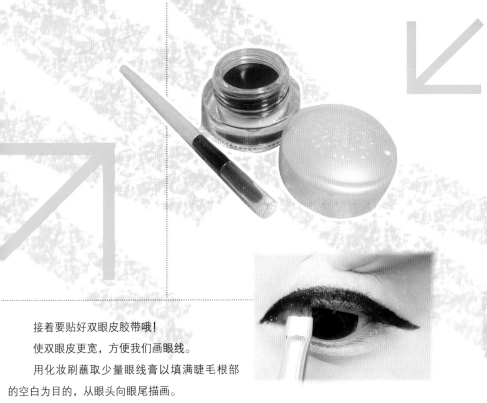

接着要贴好双眼皮胶带哦！

使双眼皮更宽，方便我们画眼线。

用化妆刷蘸取少量眼线膏以填满睫毛根部的空白为目的，从眼头向眼尾描画。

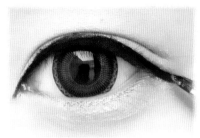

这次的眼线强调了眼角，所以要选择浓黑且流畅度较好的眼线膏。

为了让美女们看得更清晰，图片光线很亮，和眼部形成了强烈的对比。

接下来是眉粉，觉得比眉笔更自然。选的颜色不是很深的，而是比较百搭的颜色。

STEP 1

STEP 2

STEP 3

STEP 4

　　用眉粉刷蘸适当用量的眉粉，均匀地涂在眉毛上，由眉头向眉尾方向涂，轻轻涂，但力道要匀，用眉粉修饰眉毛要比眉笔自然得多。

到了我最喜欢画的腮红，永远是提气色又可爱加分的法宝。

准备两把大刷子。选了很自然的奶茶双色粉，很服帖。用如图所示的方法打腮红，完美的苹果肌就诞生了。

光打腮红不行的哦，也要用修容粉，让脸部加强立体感。

　　按照划分的区域去修容，用修容刷先蘸取2号深色修容粉，扫在脸的边缘部位，即发际线，这样可以有瘦脸的作用。同样用2号修容粉扫在鼻子的两侧，即鼻翼部位。最后用1号高光粉扫在鼻梁上，这样一个十分有立体感的鼻子就画好了。

接着就是涂口红了。玺雅选用了比较柔和的肉橘色，会显得皮肤比较白皙。

这次的整个妆容完成了，超简单的！

卸妆就像护肤一样重要，特别夜间护理更重要，日间清洁当然要放第一位。

STEP 1

卸妆不是一味追求卸干净，我用的12月myluxbox盒子里面的试用装适合旅游时放包包里。

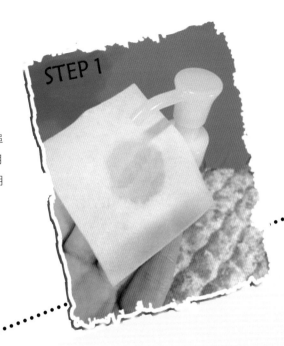

STEP 1

卸妆油当然要选用最温和的，这样才能起到滋养的作用。

STEP 2

将ATTENIR的卸妆油敷在眼部3分钟真的很温和，没有任何的刺激感觉呢！

STEP 2

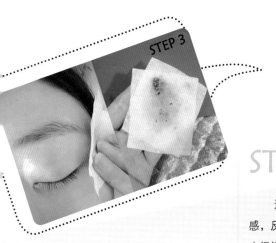

STEP 3

这款卸妆油不但没有刺激感，反倒感觉柔柔的，连睫毛胶也很轻松就去掉了。

顺便用卸妆棉把脸上的粉底、BB霜等一起清除掉。

卸完之后一定要洗脸，将残余的卸妆油洗去。

STEP 6

STEP 6

CHANEL紧颜霜 可以使

面膜更紧实 很清爽

STEP 7

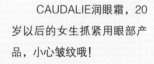

STEP 7

CAUDALIE润眼霜，20
岁以后的女生抓紧用眼部产
品，小心皱纹哦！

坚持下去，娃娃般的肌肤谁都可以拥有！

UGLY GIRL
TURNS INTO
A PRINCESS

土妞翻身变
公主的萌妆魔法

淘宝红人818

彩妆师 小墨 MOMO

现任淘宝论坛【美容问答论坛】先锋，为疑难会员提供美容方面的咨询和解答工作；

获国家中级彩妆师认证，专业造型师，擅长各种风格的彩妆造型，有成熟护肤经验，自己爱美，更乐于把别人变美，热爱美妆造型，相信每个女孩儿都是美丽的公主，把每个女孩儿打扮得自信而美丽是自己最开心的事。

淘宝ID：猪一淘淘

微博：http://weibo.com/momomeizhuang/

关键词：小墨家美妆护肤分享店

相信每个女孩儿心中都有一个少女梦吧？

大大的眼睛，长长的睫毛，粉嫩的腮红，水润的双唇，就像我们小时候玩的芭比娃娃一样！

今天小墨就来卖萌，先上的当然是"雷人"的对比照！

所以说女人不能不化妆！

生活中，不需要浓妆艳抹，其实略施粉黛，气色就能有所改变。

而且小墨一直相信，化妆能改变事业运、财运、爱情运……

下面是今天要用到的部分彩妆品——

妆前保湿很重要！能提升妆容的透明度和贴合度，来自澳洲的绵羊油，这款仿佛很多人最近都在用。

洁面后，先来分享下最近很喜欢的妆前保湿面霜。

不把精力放在外在的包装而秉承内在的研究。

打开盖子，如同奶油的质地，看起来好像很美味的样子！

说下我皮肤的感受：因为小墨的皮肤是属于敏感肌肤的类型，而这款是纯绵羊油，所以用起来完全没有刺激的感觉。

有时候我觉得每天都用功效性的精华液、美白霜，皮肤是会受不了的。

可以偶尔用简单的成分，满足肌肤简单的诉求。

虽然是霜状，但是涂抹开感觉很水润，保湿效果也很不错，而且价格这么便宜，我也会拿来擦身体，可以全身使用哦！

而且当膏体完全推开后，脸上不会是油光感，

而是我特别喜欢的哑光感，

仿佛毛孔也有一点收敛的感觉，会小一点，类似于猪油膏的感觉。

所以最近很喜欢给别人化妆的时候用这个做妆前保湿，

再上妆粉底会特别容易服帖。

美瞳今天用这个——MIMO钻石甜心。

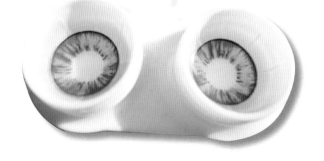

面部的保湿做好了，别忘记眼下是最容易出干纹的地方。

小墨最近习惯妆前用boots小黄瓜眼霜。

在化妆前使用眼下卡粉、小细纹等问题就能解决掉。

妆前的保湿工作都做好啦，我们开始底妆啦！最近特别喜欢谜尚的这款妆前乳，质地很特别，和乳液一样。

M

B.B BOOMER

MISSHA M B.B Boomer B.B boosting cream, which boots the adherence and duration of B.B Cream and makes your skin look brighter when applied before B.B Cream. Its pearl, antioxidants and moisturizing ingredients make your skin more radiant while leaving it moisturized.

MISSHA

boots小黄瓜霜，很清爽的凝胶地，也不用担心后化妆的时候出现搓的现象。

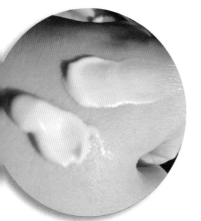

而且能提亮肤色，基本可以替代隔离霜，用完这个后续再上BB霜，也好推很多，阳光下看一下，是不是有如同贝壳般的光泽，想打造婴儿般瓷肌必备！

把妆前乳在脸上点几点，然后如同擦乳液般推开。

妆前乳上完后，看皮肤是不是很水润、细腻。

接下来是最近刚换的BB霜，也是谜尚的，话说韩国的包装都好精致。

少女般的光泽感！我相信大家都喜欢，T区仿佛打了高光一样。

essence of BEAUTY

小墨手里拿的是CVS双头粉底刷，看彩妆达人Michelle演绎的完美哥特式眼妆心里就动了买一个的念头，价格也非常实惠，是最近最喜欢的底妆工具。

小贴士：

如果使用粉底刷上粉担心变成一条条的不美观，可以在上完粉底后用粉扑按压一下全脸，这样能让粉底更服帖。

记住使用粉底刷的小方法：

由内向外，顺着自己的毛孔纹理涂抹开。

如果脸上有细小的瑕疵，可以采用点拍的方式，遮瑕效果会更好一些。

以前的遮瑕产品，我都是给模特用，自己却很少用，可是最近天天熬夜，黑眼圈好厉害，所以也不得不用遮瑕笔来弥补一下不足了。

用的依然是我觉得超越MAC的遮瑕笔——物美价廉的露华浓水养遮瑕笔。

把遮瑕膏点涂在需要遮瑕的地方，然后用指腹部位拍开，消灭黑眼圈，让BB霜和遮瑕产品融合。

底妆完成，禁不住好想秀一下！

接下来，按照正常步骤，应该是眉毛的描画，但在这里小墨就先忽略一下，重点看后面的教程。

眼部的描画，是萌妆必备的要素哦！依然是选用大地色眼影，这盘sleek眼影大家最近一定常常看到，价格实惠，上色度又不错，难怪被那么多红人推荐，唯一的缺点就是有一点儿飞粉，所以我会先用一点儿眼部打底膏。

elf这款，很便宜的眼部打底，很多人在用吧，确实能够让眼影更显色，更持久。把眼部打底膏均匀地涂在眼部，然后用指腹推开，皮肤上的油脂会被吸干，所以能很好地解决眼线晕染，眼影脱妆的问题。

solone的眼彩冻。

这款小墨推荐给不会画眼影的女孩儿来使用哦，因为先涂抹这个，眼皮上就会很闪亮水润，这样后续上眼影怎么都不会显脏哦！而且也能很好地显出眼影的层次来。

把solone眼彩冻用手指点在上眼睑，然后用指腹推开。眼影依然是sleek这盘。

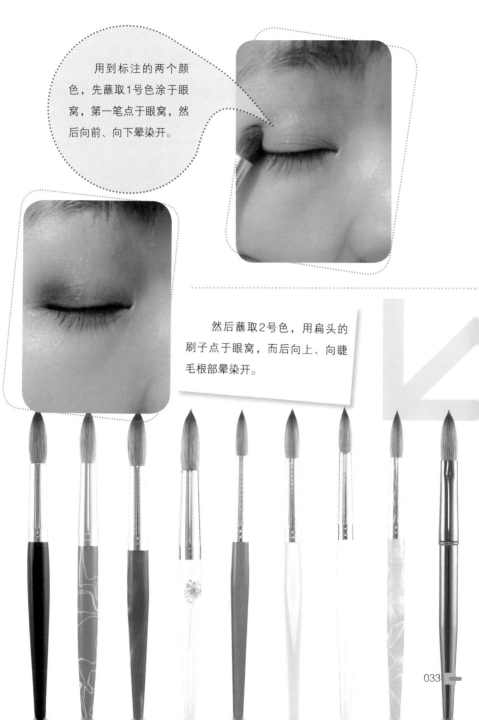

用到标注的两个颜色，先蘸取1号色涂于眼窝，第一笔点于眼窝，然后向前、向下晕染开。

然后蘸取2号色，用扁头的刷子点于眼窝，而后向上、向睫毛根部晕染开。

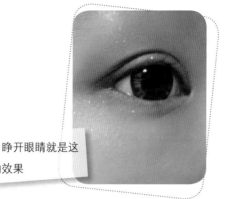

睁开眼睛就是这样的效果

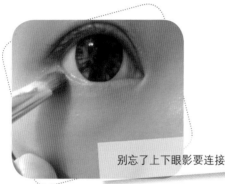

别忘了上下眼影要连接

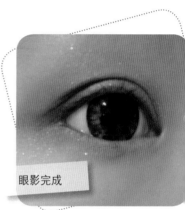

眼影完成

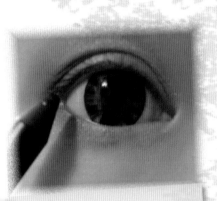

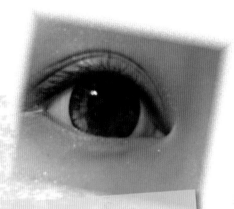

solone画内眼线，画眼线的秘诀就是一定要把睫毛根部连接起来。

然后是眼线，眼线依然选用我最爱的搭档 solone和kissme两个品牌的眼线笔。

然后用kissme眼线笔勾画眼头、眼尾的线条。这次眼线有向后拉长，画出萌系女生必备的无辜眼。

重头戏来啦！
小墨最爱的假睫毛。

用假睫毛专用镊子来戴假睫毛，新手也能很容易上手呢！

粉色波点盒，够萌吧！

这次用的假睫毛够日系，和日本的著名模特益若翼使用的是同款哦！价格却实惠了不少。

小贴士:

假睫毛虽然纤细精美，却很脆弱，因此使用时要特别小心。从盒子里取出时，不可用力捏着它的边硬拉，要顺着睫毛的方向，用手指轻轻地取下来；从眼睑揭下时，要捏住假睫毛的正中间"啊"的一下子拉下，动作干脆利落，切忌拉着两三根睫毛往下揪。

上睫毛完成！放大眼睛的效果超级好！

接着是下睫毛。

然后用银色眼线液打亮眼头，制造萌系彩妆必备的无辜眼泪。

完成。眼睛会直接放大3倍！所以说假睫毛 人人必备！

腮红的部分用的是skinfood玫瑰果油腮红膏，这款滋润度很好，新手也能很好掌握！

接下来是萌系妆容必备的粉嫩嘟嘟唇

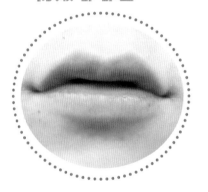

先上素唇一枚，嘴唇干燥的美眉可以先涂抹少量的润唇膏。

涂抹遮瑕膏，遮盖嘴唇本身的颜色，才能彻底改变唇色，凸显唇膏的颜色。

3 涂抹遮瑕膏后效果如右图

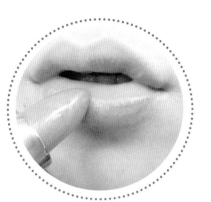

4　挑选适合自己的唇膏，均匀涂抹在唇部，像一些比较鲜艳的颜色，小墨建议用唇刷涂抹，能勾勒嘴唇线条。

5 这样哑光唇膏的部分就完成了。

6　想要唇部更水润，当然别忘了嘟嘟唇必备的果冻唇彩。

嘟嘟唇完成，够水润吧！

娃娃般的眼睛，粉嫩的两颊，果冻般嘟嘟的双唇！

这个萌系妆容就完成啦!

臭美的时间到啦!

LOVE ORANGE COSMETICS

春暖花开
大爱
橙色妆

淘宝红人818
知名麻豆misslub

热爱彩妆，经常在各大论坛发布彩妆心得，现在是淘宝达人和淘女郎，大家叫我lub就好了。曾与《女刊》合作2012年1月刊《新手一看就会的萌妆美学》。

我还会继续和大家分享我的彩妆和护肤心得哦！

misslub宣言：不攀比，做自己。

淘宝ID：misslub

微博：http://weibo.com/misslub

关键词：misslub杂货铺。

博客：http://secret.3.blog.163.com

第一招

除去暗黄，焕发光彩！

因为平日的劳累和工作原因，大多数人都有熬夜的经历！而熬夜的人皮肤又是暗黄粗糙的，这个时候我们需要做个面膜来调理调理我们的肌肤，给肌肤做个护理和滋润！我非常喜欢玫瑰，玫瑰的味道香而不腻。我常用玫瑰花瓣美白补水保湿水洗面膜，不过我提醒一下各位爱美的女孩子哦，洗脸后停留在我们脸上的小水珠其实是很容易招引灰尘和细菌的，这个时候记得用洁面扑擦干脸上的水珠，这样才能达到洁肤和护肤的效果！

第二招

保湿锁水,拒绝干燥!

冬天的气候很干燥,风一吹我们的皮肤就感觉吃不消了。我习惯在敷完面膜后使用保湿水巩固补水,锁住面膜的水分。

第三招

美白保湿,容光焕发

皮肤的白皙是我们美丽的大前提,所谓一白遮百丑哟!经常敷面膜是一个很重要、很实用的护肤方法。敷面膜时不要忘了适当按摩。剩余的面膜精华也不要浪费了,可以涂在手上或脖子上,滋润手和脖子的皮肤。

第四招

妆前大补水。

　　有的朋友和我说过，化妆后总觉得皮肤很干燥，妆容不好固定，总感觉有脱妆的危险。其实我们在妆前最好是擦些保湿霜，锁住我们皮肤的水分并抑制皮肤水分的流失。我习惯在妆前擦些玫瑰雪肤水凝霜。冬天一来，带来的不只是干燥的皮肤，还有我们急需解决的唇部干裂问题。我的嘴唇一到冬天就会裂开，最近发现了这个非常有效的唇部护理方法哦！我用了水晶胶原蛋白唇膜。现在嘴唇的干裂问题改善了很多。

　　妆前护肤完成了，我们就可以在水嫩的皮肤上开始大爱的橙色妆容了，这次佩戴的美瞳是依娃爱-米可摩天黑色。

第一步
脸部打底

Moonlight月光宝盒丝柔控油妆前打底霜+EDM Everyday粉底刷。

擦些猪油膏，可以固定我们的妆容哦！

小贴士：

猪油膏是一种丝柔打底膏，因为形状有点像凝固的猪油，所以被叫做猪油膏。猪油膏的作用主要是掩饰毛孔，让皮肤更平滑，更容易上妆、控油。用完面霜之后把猪油膏擦在脸上，要顺着汗毛的方向由上到下，由里到外擦。

第二步
擦BB霜

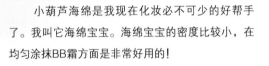

　　韩国Heynature 植物修护珍珠BB霜+葫芦海绵。初春时天气比较干燥，我建议美女们选择比较保湿的BB霜，可以在遮瑕的同时滋润我们的皮肤。

　　小葫芦海绵是我现在化妆必不可少的好帮手了。我叫它海绵宝宝。海绵宝宝的密度比较小，在均匀涂抹BB霜方面是非常好用的！

　　小葫芦的大头是用来均匀涂抹脸部大面积区域的，小头是用来涂抹眼周部位的。

第三步
遮住黑眼圈

CY双头遮瑕笔。因为现在生活节奏的原因，大多数女孩子都是有黑眼圈的。

所以化妆时黑眼圈的遮瑕很重要哦，把遮瑕膏轻轻地擦在黑眼圈的位置上。

小贴士：

关键词：遮瑕膏 瑕疵

脸上长了痘痘、黑斑、黑眼圈，恨不得除之为快。的确，在精致底妆风潮的影响下，脸上什么瑕疵都得好好遮住才行，遮瑕膏也成为女孩化妆台上的必备品。不过，色彩的选择可要坚持精益求精。

如果瑕疵不太明显，遮痘的遮瑕膏颜色不要太深，自然就好，不能单涂在痘痘上，周围也得上点儿遮瑕才会自然。遮黑眼圈颜色要比肌肤色彩稍微深一些才遮得住，若是整片的颧骨斑，最好使用粉底液调和遮瑕膏，这样比较自然，也不会产生色差。另外，液状比膏状或是粉状更容易涂抹均匀。新手上路，最好选择容易涂匀的质地。

第四步
上蜜粉固定妆容

rice powder散粉/蜜粉。蜜粉也是俗称的定妆粉，用蜜粉打底，可以在固定妆容之余，也让我们的妆容看起来更加自然。

ELF矿物质眼部打底乳。擦些眼部打底乳，可以让我们的眼妆更加显色和持久。

第五步
眼部打底

第六步
眼妆

蔷薇盘+化妆套刷

这是我最近抢购来的眼影盘，超漂亮的。上面还有蔷薇花的图案。先给大家标示一下这次用到的眼影。

眼影非常上色哦!

先用A号色打底

再用B号色打在眼
窝和下眼尾的位置。然
后用C号色打在下眼睑
的位置。

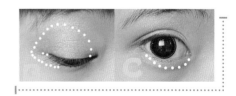

第七步
画眼线

cazador卡兹图眼线膏+眼线辅助器

因为有的女孩子曾经和我说过她不会画眼线，每次都画得不好。

所以我这次和美女们分享一下画眼线的小技巧。有了这个辅助器，眼线肯定能HOLD住!

第八步
刷睫毛

睫毛膏+刷睫毛辅助器

　　刷睫毛也是很多美女的烦恼吧？因为睫毛膏会沾到眼皮，这样眼皮就脏脏的。和大家分享一款实用的刷睫毛辅助器，让我们的眼皮干干净净！

　　看看效果图，眼皮是很干净的哦！

　　先夹一下睫毛。然后用睫毛刷呈"Z"字形刷睫毛。

第九步
贴假睫毛

我习惯了用收纳盒来装假睫毛，又可爱又方便 。这次选用的假睫毛在密度和长度上都是属于自然型的。胶水我选择的是DUO的，这种是连皮肤敏感的女生都适用的哦！

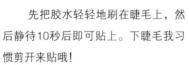

先把胶水轻轻地刷在睫毛上，然后静待10秒后即可贴上。下睫毛我习惯剪开来贴哦！

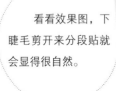

看看效果图，下睫毛剪开来分段贴就会显得很自然。

第十步
脸部修容

　　这个是鼻影和高光一体的修容盘，非常实用哦！

选择颜色较暗的打鼻影

沿着鼻梁打下去

打高光

第十一步
打腮红

DAISO
亮彩立体腮
红+大蘑菇刷

小贴士:

关键词: 腮红 立体

利用腮红打造阴影是塑造立体轮廓的重点。首先,以腮红刷蘸取比肤色深些的咖啡桔色的腮红,先在面巾纸上调节适量再刷在颧骨位置,然后侧扫在脸颊上制造阴影效果;再将浅一号的粉色腮红顺着刷至太阳穴,晕染刷开至发际处,以避免与肤色的差距感;最后在下巴位置刷上阴影,沿着轮廓晕染开是重点。为了不抢腮红风头,眼影和唇部尽可能低调,大地色和粉色都是不错的选择。

用大蘑菇刷蘸适量的腮红,然后笑着打在苹果肌上。

057

第十二步
唇妆

Rosebud Salve玫瑰花蕾膏/润唇膏+Palladio 嘟俏唇彩。

冬天在唇妆方面我们可以先用护唇宝打底，这样我们的唇妆就可以更上色。

先擦下护唇宝，打个底。

擦上唇彩

妆容完成了！

上整体图。

妆后小贴士：

快速卸妆法：

　　卸妆也是化彩妆女孩子们的一大烦恼。这次我和大家分享一个快速卸妆的好办法——softymo保湿泡沫卸妆洁面乳/洗面奶。美女们都知道洗脸最重要的就是泡沫在清洁皮肤，这个softymo泡沫洗面奶是超方便的泡沫卸妆洁面乳哦！先按些泡沫洗面奶在手上，然后拍打在脸上。试试看泡沫是不是很丰富很细腻，不用3分钟我的妆容都卸除干净了！

最爱优雅
轻熟女
ELEGANT PUMA

超简单

妆容变身轻熟型萌女

淘宝红人818

知名麻豆小憨憨

　　淘宝网超人气麻豆，平面模特，彩妆达人，护肤达人，在淘宝美妆发表精华帖数篇，点击量达数万。

淘宝ID：小憨憨omg

微博：http://weibo.com/813xiaxia

微博名称：陈-小憨憨

春暖花开的季节到了，姐
妹们都想好了怎样在这个季节
里完美地表现自己了吗？

小憨憨个人喜好轻熟些
的可爱装扮，所以今天和大家
分享一款百搭的轻熟型萌女妆
容！

希望美女们喜欢哦！先上
素颜照一张！

好了，开始妆容！

第一步

上BB霜

看，是
不是很均匀

用这个密度非
常小、长相非常可
爱的小葫芦来均匀
涂抹BB霜。

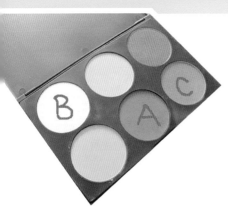

第二步
脸部修容

这是款超实用的修容粉，我很喜欢的一款，将用到的颜色给大家标注一下。

用A号色打鼻影，沿着鼻梁打下去。

看下对比图，左边是画了的，右边是还没画的，左边的鼻子是不是显得很有立体感？

接着用B号色打高光。C号色打腮红。

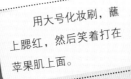

用大号化妆刷，蘸上腮红，然后笑着打在苹果肌上面。

看看整体的效果图。

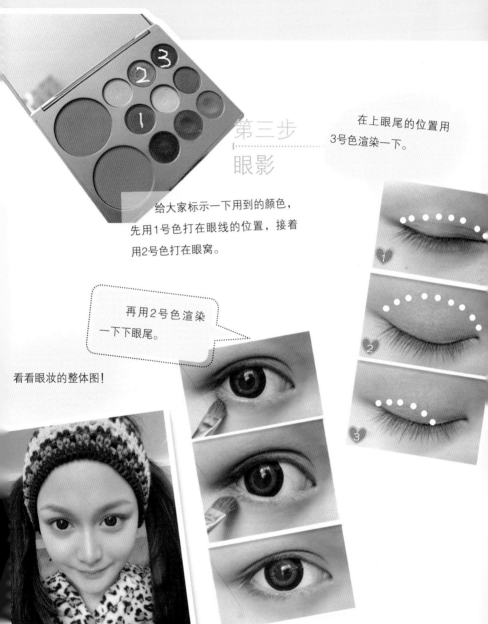

第三步

眼影

给大家标示一下用到的颜色，先用1号色打在眼线的位置，接着用2号色打在眼窝。

在上眼尾的位置用3号色渲染一下。

再用2号色渲染一下下眼尾。

看看眼妆的整体图！

第四步
画眼线

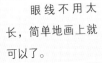

眼线不用太长，简单地画上就可以了。

看看整体图

小贴士：

关键词：眼睛 眼线

平面模特们除了用完美的脸型来诱惑人们的视线外，明亮的眼神也是制胜的最关键武器之一！如何才能修饰原本不完美的眼形？眼线是唯一的解决之道。即便是打造最简单的妆容，彩妆达人也不会跳过眼线这一步。圆眼形可通过眼线来将眼睛拉长提升，而眼间距较宽的话，则可以通过眼线将内眼角间距缩小，打造出风情万种的迷人眼眸。

第五步
贴假睫毛

我选择了比较自然型的假睫毛哦，这样的妆容很清新。把胶水刷在睫毛上，然后轻轻地沿着眼线的位置贴上去。

第六步
唇妆

我选择粉嫩色的唇膏，这样看起来更有气色和活力！

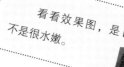
看看效果图，是不是很水嫩。

妆容完成，
上整体图。

小贴士：

关键词：色彩　焦点

　　迫不及待在脸上尝试各种色彩，结果把自己的脸蛋搞得像圣诞树一样，其实是失败了！

　　化妆就跟穿衣服的道理相同，在眼睛、双颊与唇彩三个当中选一个作为焦点就可以了，千万别贪心，什么都想往脸上揽。如果眼妆色彩很重，那么腮红与唇彩最好淡一点儿；相反，如果没有太多时间画眼妆，那么明显的唇色可以让你看起来更有精神！

轻熟女化身小萝莉,

UMA TURNS INTO LITTLE LOLITA

清致裸妆最高境界

淘宝红人818

彩妆师 陈巧燕

知名高级专业彩妆师，获国家认证高级彩妆师资格证，并荣获2010CCTV《时尚街区》彩妆造型创意汇优秀彩妆造型师奖

微博：http://weibo.com/chenchenqiao

关键词：娇时丝芙宝专卖店

大家好，我是陈巧燕，专业的彩妆师，懂彩妆、爱彩妆，今天就跟我的模特朋友一起为大家奉上一席彩妆的视觉盛宴。

先来个家底大集合，这些可都是我的变身法宝。我不是"名牌控"，只要好用的，不管价格高低，我通通以迅雷不及掩耳之势快速收入囊中。

下面请我的麻豆朋友上场，先上个彩妆前后的对比照。

彩妆正式开始前，燕子先教给大家一个唇部护理的方法，这个是从国外带过来的，味道很好闻。

 用唇刷蘸取唇膏轻轻地点在嘴唇上。

我手里拿的这个是双眼皮贴儿，我用的是影楼专用的那种，可以根据自己的眼睛剪大小，比较随心。而且这个颜色很接近肤色，上了眼影之后基本看不出贴了双眼皮。

双眼皮贴上之后，用小工具轻轻按住，让它更加牢固。

马上轮到BB霜出场了，燕子用的是娇时家的BB霜，和一般的材质不一样，没有实质的管子，里面是真空的。

 把BB霜均匀点在脸上了，开始用粉底刷摊开。

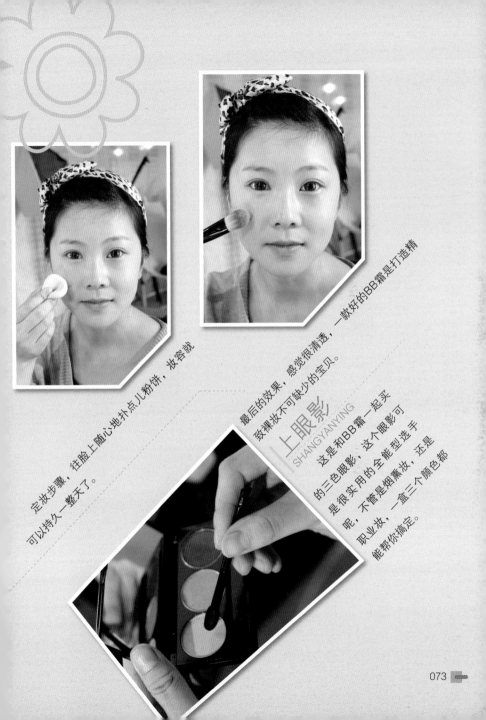

定妆步骤，往脸上随心地扑点儿粉饼，妆容就可以持久一整天了。

最后的效果，感觉很清透，一款好的BB霜是打造精致裸妆不可缺少的宝贝。

上眼影
SHANGYANYING

这是和BB霜一起买的三色眼影，这个眼影可是很实用的全能型选手呢，不管是烟熏妆，还是职业妆，一盒三个颜色都能帮你搞定。

下眼睑的提亮也用这个，多种功能的宝贝。

用刚才眼影棒指向的眼影打底。

STEP 1

画眼线
HUAYANXIAN

眼尾部分可以轻轻扫出，平拉直线，这样可以改善圆肿的眼睛。

STEP 2

STEP 3

想制造大眼睛的效果，有眼袋、肿眼睛的女生可以用眼线笔描画整个眼眶，这样能使眼尾和上眼睑自然贴合。

STEP 4

STEP 5

这个眼影棒指向的颜色是用来上眼影的第二层颜色，将眼线晕染自然，而不要很突兀的一条黑线。

睫毛夹出场，先把睫毛夹翘了。

准备开始粘睫毛了，涂上胶水，待半干之后再粘贴效果比较好。

假睫毛出场，用的是比较自然的款式来打造裸妆的效果。

摆好位置，用镊子再稍微固定下。

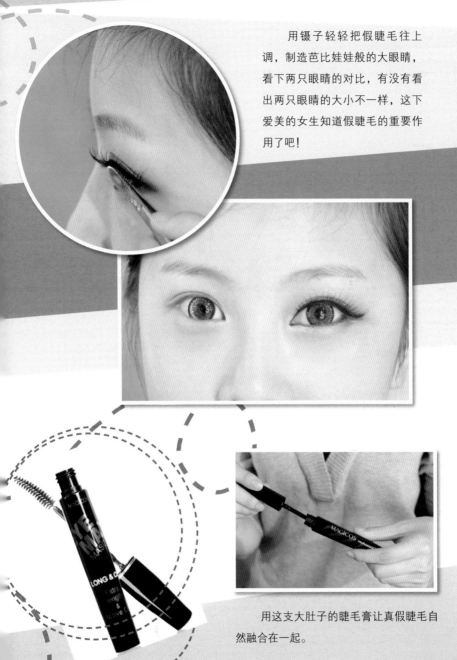

用镊子轻轻把假睫毛往上调，制造芭比娃娃般的大眼睛，看下两只眼睛的对比，有没有看出两只眼睛的大小不一样，这下爱美的女生知道假睫毛的重要作用了吧！

用这支大肚子的睫毛膏让真假睫毛自然融合在一起。

现在是不是分不出真假睫毛了呢?

下睫毛也不要忘记粘贴哦!

小贴士:

关键词:睫毛 剪断

除了眼线之外,还能为眼妆加分的道具便是假睫毛!自然卷曲的假睫毛、效果夸张的彩色假睫毛……可以满足不同场合的需求。当然,如果你想要追求自然逼真的效果,戴整条假睫毛一定会显得很假,你可以试着将睫毛剪成好几段,然后分别粘在睫毛根部不同位置,最后将真假睫毛一起刷,以让真假睫毛完美融在一起。

先用眉刷整理下眉毛

开始画眉了

眉毛尾部不要太长，那样看起来会不协调。

我手里拿着的是画眼影用的钻石闪粉，等一下会派上用场。

用化妆刷蘸取少许闪粉，轻扫在需要提亮的部位，譬如鼻梁、眼下三角区、下巴等部位。

下巴处提亮，让五官看起来更立体。

修容用的阴影粉

在鼻梁两侧轻扫，高挺的鼻梁就可以
显现出来了！

再用圆头刷蘸取深色修容粉

轻扫两腮，精致小脸
美女就可以打造出来了！

打造萝莉妆，橘色的腮红也少不了哦！

以打圈的方式用腮红刷
轻扫笑肌两侧

唇妆部分，口红和腮
红是同一个色系的。

涂上之后是不是很好看？这个颜色是我一直很喜欢的，而且口红一点儿都不干，很滋润，是非常好用的一款。

没涂口红之前拍的，嘴巴颜色比较淡。

还有萝莉妆不可缺少的白色唇彩

面部妆容部分大功告成了，来个特写。看到这样一张樱桃小嘴，是不是感觉很漂亮啊？

下面开始动手卷发了

自己动手卷发的女生要小心啊，不要烫伤自己。要多练习才能运用自如。

晒照片喽，来个完成部分的特写。

今天的妆容就算大功告成了，化了这么精致的妆，也该出去展示一下自己了，现在就"妖颜惑众"去！

今天的萝莉妆是不是很成功，其实你也可以的！告别轻熟女，你就是可爱萝莉！

中性短发 深邃眼妆，

NEUTRAL SHINGLE EYE MAKEUP
打造冷艳迷人轻熟女

淘宝红人818

淘宝知名麻豆Bonnie
　　曾是平面设计师，热爱自由、彩妆，现在
是淘宝店主，曾与《女刊》杂志合作2011年10月
《粉粉约会桃花妆恋情成功率UPUP!》。

Bonnie宣言：幸福美丽要靠自己

淘宝ID：jenaysq

微博：http://weibo.com/bonnie0723

关键词：兔妞妞的胡萝卜城

大家好，我是Bonnie。最近迷恋短发，所以Bonnie今天的妆容来了个中性短发妆，短发女人也一样可以迷人可爱。新年新气象，在刚刚开始的新年里，让我们"改头换面"迎接新的挑战，开始新的生活。下面进入正题——

先上一张妆后效果图

再晒一下今天妆容会用到的宝贝

下面开始今天的妆容

Bonnie的素颜，跟妆后差距很大。

挤出一些BB霜

在手上

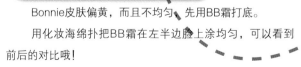

Bonnie皮肤偏黄，而且不均匀，先用BB霜打底。

用化妆海绵扑把BB霜在左半边脸上涂均匀，可以看到

前后的对比哦！

涂上BB霜后肤色被提亮了许多，更均匀了！

然后用海绵扑将整张脸涂匀，海绵扑比指尖更能把BB霜涂抹均匀。

接着把黑眼圈遮盖一下。很多女生都有黑眼圈的烦恼，不用怕，只要用遮瑕膏就能搞定了！

用指尖抹一些遮瑕膏擦在黑眼圈的部位，再用指尖涂抹均匀。

遮瑕前　遮瑕后

　　爱美的女孩子们可以看下前后的对比照，用完遮瑕膏还要用一些粉定一下妆哦！

　　然后Bonnie推荐一款超好用的粉饼，虽然只是小小的一个，但是很好用，能够提亮肤色而且遮挡毛孔的效果很好。以轻轻按压的方式擦在脸上。

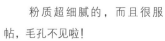

　　粉质超细腻的，而且很服帖，毛孔不见啦！

最后用散粉提亮，Bonnie选用的是珠光散粉，让脸看上去更有立体感。

接着使用修容粉，记得用大刷子哦，先蘸一些a号色。

将a号色打在脸颊的两侧，可以起到小脸和改善脸型的作用。

脸型修饰好啦！

然后用b号色打鼻影

从眉头往鼻头开始打，鼻子可以瞬间变得很立体。

接着开始眼妆啦

然后加深眼窝，眼睛凹陷下去，会使五官看上去更分明。

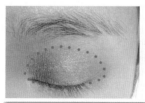

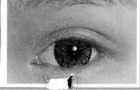

首先用a号色将整个眼窝进行打底

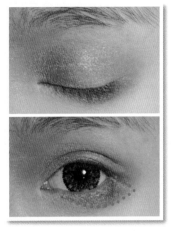

用b号色在下眼睑的地方从眼尾往前晕染，画三分之二就可以了，用很深邃的蓝色。

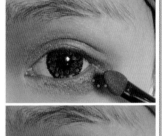

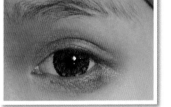

然后用c号色，在下眼睑的眼尾做点缀，很漂亮的蓝色。

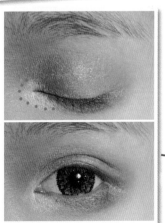

最后使用d号色，将眼头部分提亮。

眼影部分完成啦！Bonnie的眼睛有点儿圆，所以要加强眼线的画法，把眼线画得长一些，这样能让眼睛看起来更大。

先用眼线笔把睫毛根部的空白填满，不然光画眼线，睫毛根部留白了是很难看的！

内眼线画好了

接下来Bonnie使用眼线液，这次Bonnie打算用眼线液来完成画眼线的工作。

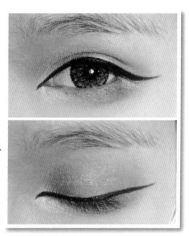

很多女生觉得眼线液不好操作，其实每次用的时候先用纸巾把笔尖稍微吸干一些然后再画，这样就比很湿的时候好画许多，而且也不会一画就是一大片。

圆眼睛的画法就是将眼头画出，眼尾拉长。

上眼线画好啦

接着画下眼线

连着眼头，细细的一根就可以啦，不需要很粗。

眼线画完啦

Bonnie这次用一款层次比较分明的假睫毛。

然后用睫毛夹把睫毛夹一下，不然一会贴假睫毛时，真假睫毛就会变双层啦！

把假睫毛胶水涂在假睫毛上，在半干半湿的状态下再粘，可以粘贴得更牢固哦！

美女们可以看一下贴完假睫毛的眼睛和没有贴假睫毛眼睛的对比，眼睛立即被放大了哦!

上睫毛贴好啦，是不是很扑闪啊?

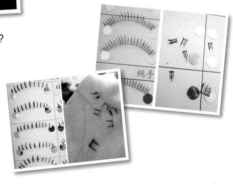

然后贴下睫毛。这次Bonnie用了两款下睫毛，先用比较夸张的一款，剪成一段段贴在下眼睑的尾部。

然后用自然款的下睫毛，也是将下睫毛剪成一段一段的。往眼头部位贴。

Bonnie的假睫毛贴完啦！是不是很像芭比娃娃的大眼睛？

然后使用眉粉画眉毛，Bonnie选用浅色眉粉。

用眉刷刷在眉毛上

眉毛画完啦

然后Bonnie在脸上刷上腮红，粉粉嫩嫩的才可爱哦！

用腮红涂在苹果肌的地方，然后打圈圈。

再来用唇部打底膏，将原来的唇色进行打底。

这样更方便后面涂唇膏上色

用唇刷刷上唇膏

很滋润的橙色，如果不涂打底膏的话，会比现在的颜色更橙，涂了打底膏就会偏红一点儿。

好啦，妆容到此完成啦，接下来
秀一下今天的美妆成果吧！

百试不爽
出街、party 妆
PARTY COSMETICS

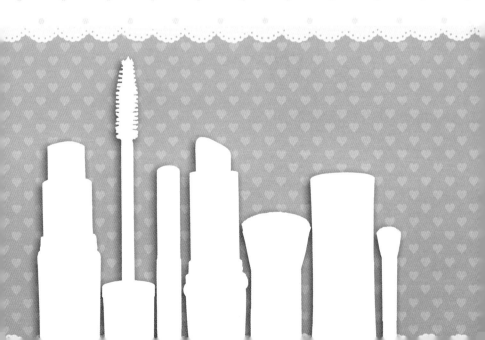

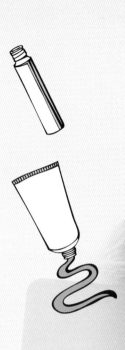

亮亮白白，
温柔光感珍珠肌妆容

PEARL
MAKEUP

淘宝红人 818

淘宝知名麻豆小雨

淘宝ID：小雨小雨rain

小雨宣言:爱彩妆、爱护肤、爱拍照、用心认真过

好每一天。

微博：http://weibo.com/0322rain

关键词：超用心小店

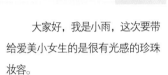

大家好，我是小雨，这次要带给爱美小女生的是很有光感的珍珠妆容。

这次彩妆的主题是：珍珠肌。

珍珠是什么样子？泛着柔和的光泽！

所以一切底妆要先进行，包括鼻影、修容、眉毛。

化妆正式开始前先看一组对比照

这次用的美瞳片：伊娃爱-米可摩天

先用唇膏把嘴唇润一润，
让最后的口红比较好上色。

这次的润唇膏感觉像是甜
甜的橘子味，感觉蛮滋润的。

依旧是樱桃派BB霜

这款BB霜很水润，冬天最怕皮肤干燥、卡粉、起皮屑了，用比较水润的BB霜就会好很多了。

用手指把BB霜一点一点地点到脸上去，然后均匀地涂抹开。

这个可是小雨店里的镇店之宝哦！

修容盘，闻着有巧克力的味道，画个妆都食欲大增了！

下面就是脸部整体修容的步骤：

从眉头、鼻梁最高位置凹进去的地方开始打鼻影。

然后渐渐往下，刚刚开始学彩妆的美女们最好选择少量多次的方法。

刷子往下刷的时候手法渐渐变轻，慢慢往鼻尖推。

按照这个步骤就能打造很自然的鼻影了！

再用刷子蘸修容盘里的白色和米色。

小雨一般是把两种颜色混合在一起，这样的颜色看起来比较自然。

大家也可以根据自己的喜好单独采用米色或者白色打高光。

一般高光位置就是大家所说的T字区域啦！

看看照片是不是很立体呢?

用大号刷子蘸修容盘里的深咖色,从耳根开始刷,然后顺延至下巴。

还是建议大家用少量多次的方法,慢慢尝试、慢慢观察。

到这里,底妆部分就完成啦!

有没有发现以前修容、画眉都在整个妆容的最后,这次却调整到了前面?

对啦!这就是这次主题——珍珠肌的要领。修容和眉毛先开始画,之后待眼妆、唇妆等都画好之后整个底妆就会变得非常柔和。

因为这种画法给脸部预留了一段吃妆时间。

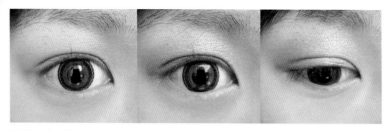

眼妆部分开始

首先来说说珍珠是泛着什么样的光泽的?

微微的金色与粉色。

金色和粉色也是这次眼妆的重要色彩,

整个眼妆就是靠这两个光泽色打造出来的。

1.素颜使用的是伊娃爱-米可摩天灰色。

2.用浅金色打底眼窝,眼尾压重打造很自然的光泽感。

3.闭眼效果。

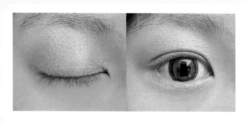

1.用粉色压眼尾时要注意与金色眼影的衔接,可以用干净的刷子多晕染几次。

2.下眼睑就用金色和粉色混合的眼影来画,描画卧蚕的位置就可以啦!

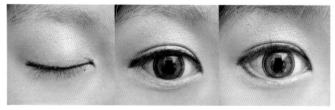

1.画由细渐渐变粗的眼线,注意眼线的收尾,以棱角形收尾,这样能让眼睛看起来更大、更无辜。

2.睁眼效果,睁开眼看起来就很有立体感了。

3.用眼线笔在下眼睑的位置画一条眼线,这种画法很有日系的风格。

神奇睫毛膏，
有很好的增长睫毛的效果。
别忘了下睫毛也要刷，
这样就可以让睫毛达到以假乱
真的效果了！

彩妆爱好者时刻不能少的睫毛辅助器和假睫毛

这次小雨特地拍摄了比较清楚的图片供大家参考，觉得睫毛辅助器使用不够熟练的爱美女生们一定要看仔细啦！

首先是准备好要用的假睫毛，在假睫毛上抹一层胶水。

等待30秒之后再把睫毛往睫毛根部上放。

小雨习惯看准位置然后从中间下手，等中间部位被胶水固定住之后再松开辅助器。

这样假睫毛就能粘在睫毛根部上了。

再用睫毛辅助器粘好眼头和眼尾，

然后再简单调整一下假睫毛的位置，

最后用辅助器顶一下睫毛根部，让自己的睫毛和假睫毛融为一体。

这样就可以了哦！立刻就可以呈现出非常自然的睫毛。

接下来是腮红的部分，腮红我选择粉粉的颜色。从耳根往前扫，并且不能低于鼻翼，这样才是最佳位置。

腮红是彩妆绝对不能少的步骤

它是让女孩子有好气色的法宝，刷了腮红让整个人显得很有精神，状态立刻就变得好了许多！

好气色之第二法宝——

玫瑰糖豆色口红加唇彩。

这个就可以看大家的个人喜好啦!有的女孩子喜欢涂口红就直接抹口红,喜欢唇彩的就直接涂唇彩好了。

但是小雨喜欢两种加在一起用,这样可以让嘴唇的颜色更加饱满。

加了唇彩让嘴唇泛光泽。

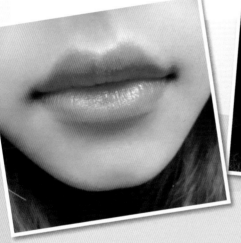

很纯正的糖豆色,涂一层就很上色了,非常好用。

滋润度超级高,如果平时忘记带唇膏,又想有好气色的话,直接涂就可以了。

刚拆封的,膏体很香、很软,涂上之后就大功告成啦!

来欣赏几张成图吧，
大家觉得小雨今天的妆容
怎么样？

Hold住精致唇妆，

DELICATE LIP MAKEUP

10分钟美美出街

淘宝红人818

彩妆师小墨MOMO

现任淘宝论坛【美容问答论坛】先锋，为疑难会员提供美容方面的咨询和解答工作；

国家中级彩妆师认证，专业造型师

擅长各种风格的彩妆造型，有成熟经验护肤指南

自己爱美，更乐于把别人变美

热爱美妆造型，相信每个女孩都是美丽的公主，把每个女孩打扮得自信而美丽是自己最开心的事

淘宝ID：猪一淘淘

微博：http://weibo.com/momomeizhuang/

关键词：小墨家 美妆护肤分享店

大家好，还记得我吗？我就是大饼脸小墨。

大家是否跟小墨一样，一到冬天嘴巴就会干干的，起皮、脱皮、干裂，严重了还流血……

那么，我们就赶快急救我们的嘴唇吧！

首先，先准备我们今天所需要的材料，不是什么贵东西，相信大家家里都有。

蜂蜜、少许红糖、一个面膜碗就可以了。

使用前先用温水浸泡一下毛巾，敷在嘴唇上，将硬硬的角质层软化。

将蜂蜜和红糖按照2:1的比例放入碗中。

再把蜂蜜和红糖搅拌均匀，看起来还蛮好吃的样子。

把混合好的蜂蜜和红糖厚厚地涂一层在嘴巴上。

用手指在嘴唇上大圈按摩，这样可以去掉嘴唇上厚厚的角质层，不过力道尽量轻柔一点哦！

按摩两分钟后，用保鲜膜剪成嘴唇大小的样子，盖在嘴唇上，待上10分钟。

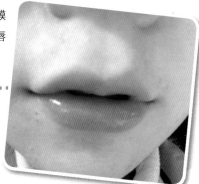

粉嫩双唇又出现啦！

这种去角质的方法，小墨建议睡前用，因为这样还没完，去除完角质，唇部是吸收营养的最好时机，接下来我们就来护唇。

这两罐唇膏目前是小墨的最爱，小蓝罐主打医疗修护，修复能力超强，也是碧唇家的明星产品；红色管状的有浆果的味道，甜甜的，出门携带也很方便。

如果你是睡前使用，小墨建议用棉签擦拭，厚厚地涂一层，越厚越好。

即使你是干枯唇，就是那种裂得火辣辣的嘴唇，相信你一涂上就会觉得好舒服，而且会瞬间觉得唇纹变淡，很滋润的感觉。

记得随身携带护唇膏，嘴巴干了立即补上。

看！嘴唇有没有变得很滋润?

下面跟小墨分享下出街简易妆面吧！
先上一张素颜大脸

这次妆前保湿用的是来自澳洲的绵羊油，

这款好像很多人都在用哦！

滋润却不油腻，用于妆前保湿很适合。

这次的美瞳是潘多拉四色。

盒子看上去很可爱，有没有？戴上之后很水润、很舒服。

小贴士:

如果每天都用功效性的精华液、美白霜，皮肤的负担是很重的。可以偶尔尝试用最简单、最原始的成分来满足肌肤的简单诉求。

这款绵羊油虽然是霜状，但是涂抹开后感觉很水润，保湿效果也很不错，而且价格便宜，拿来用于整个身体的护理也是很好用的。

当膏体在脸上完全推开后，不会有油光感，而是有种哑光感。仿佛毛孔也有收敛的感觉，有变小一点儿，类似于用猪油膏的感觉。

"10分钟快速出门逛街妆"当然要讲求速度，所以BB霜因为能省去隔离妆前的步骤，当然是速度最快、最能达到完美底妆效果的法宝啦！

然后是遮瑕，用的还是露华浓的那个，遮瑕效果很好而且不会太干。

因为笔头的用心设计，不需要再配额外的遮瑕刷了。

然后用指腹轻轻地拍开，让遮瑕膏和BB霜融合。

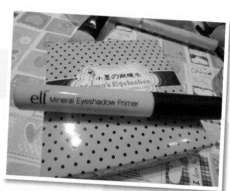

眼影用的是小墨店里的露华浓不脱色系列，大地色系的，非常好上手，适合新手使用。

看看一个完整的底妆效果

elf眼部打底，能让眼影眼线不晕染，还能让眼影更显色，最关键的是还很便宜。

把眼部打底染上去，点开即可。眼皮上的油脂会被吸干净，眼皮变得干干爽爽的。

这次眼影的画法也很简单，就是由浅到深按照露华浓眼影盘的颜色画。

用1号色打底，扫整个眼睛轮廓；

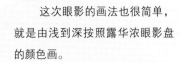

蘸取2号色点于眼窝，然后向前扫开；

蘸取3号色沿着睫毛根部画一条，然后晕开。

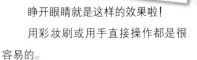

睁开眼睛就是这样的效果啦！

用彩妆刷或用手直接操作都是很容易的。

这次没有画眼线，直接粘假睫毛。因为假睫毛一旦掌握，效果会比画眼线更生动、更好，还省去了卸妆、脱妆的种种麻烦……

有些女孩子反映DUO的胶水口太大，不好控制量，其实可以用棉签堵住口，挤在棉签上，再涂于睫毛根部就好了。

新手用这种平口夹来佩戴假睫毛会觉得好上手得多

假睫毛选用的依然是小墨最近最爱的K-1，和日本模特益若翼用的是同款的。小墨故意把假睫毛往后拉长地戴，眼神会显得比较无辜。

然后是下睫毛，自然的
款式可以整段粘。

眼线笔小墨用kissme的这支，小
墨觉得这支应该人手必备，笔头细细
的，很好画。

我用它简单地补一下眼头以及睫毛
间的空隙，超方便，这个是眼线手抖族
必备的哦！

戴好假睫毛后不要忘了用睫毛膏
把真假睫毛粘合在一起。

眼妆完成

然后是无敌粉嫩腮红，微笑着打在笑肌上就可以了。

接下来开始唇妆部分，用前面说到的小蓝罐薄薄地涂一层在嘴唇上。

玫瑰粉色唇膏是我最近很喜欢的，颜色很显白。

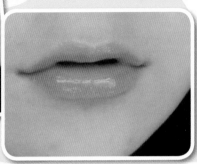

取一点儿透明唇蜜点于唇中

唇妆大功告成！到这里整体妆容就完成了。

妆容完成，是不是很简单？而且整个妆面很轻薄、很舒服。晒两张完整的效果图吧！

小技巧帮你一个妆容

A MAKEUP IS PERFECT FOR ALL THE PARTIES

搞定各种party

淘宝红人818

彩妆师陈巧燕

知名高级专业彩妆师，获国家认证高级彩妆师资格证，并荣获
2010CCTV《时尚街区》彩妆造型创意汇优秀彩妆造型师奖。

微博：http://weibo.com/chenchenqiao

关键词：娇时丝芙宝专卖店

新的一年刚刚开始，新年新气象，有没有准备好在接下来的同学聚会、家庭聚会、节日party中惊艳亮相呢？

想惊艳但又不想花太多时间做造型怎么办？今天燕子就和自己的模特朋友合作，教你怎样用一个妆容完成多次造型！

按照惯例，上个素颜照。

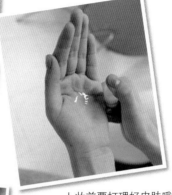

上妆前要打理好皮肤哦！那就先来洗脸吧，用的是包装很可爱的小瓶洗面奶。

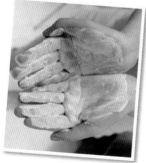

洗面奶的质地很温和哦，倒在手上后，双手轻轻搓几下就有泡沫出来了。

不知道朋友们洗脸时有什么习惯，最好是以打圈圈的方式在脸上按摩，这样可以在清洗污垢的同时又按摩了皮肤。

挤点儿乳液，用的是和洗面奶一个系列的，同样很可爱的包装。

洗面奶很好用的哦，洗完脸一点儿都不紧绷，皮肤有没有变得很清爽？面部清洁后的特写，是不是很白净呢？

为了遮盖眼睛下方的眼袋，可以尝试用些眼霜。

给眼霜来一个特写，小巧的包装看上去很是精致。

抹在脸上，轻轻按摩一下让肌肤更好地吸收。

挤出一点儿在无名指上，用点拍的方式在眼周围一圈均匀涂开。

是不是比刚才好很多了？不过，想要完全去掉眼袋的朋友们可以在抹上眼霜后轻轻按摩。

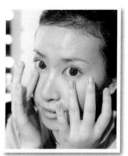

按照模特示范的方式用手指在眼睛下方轻弹，以促进眼部周围的血液循环。

然后是额头上方，很多朋友有黑眼圈是因为眼部周围的血液不循环，导致淤血积滞引起的。

最后回到眼尾下方，按照上述方法继续按摩下眼眶，可以用手指打圈的方法。

接着上底妆了，把BB霜挤点儿在手背上。

可以用手或者粉扑在额头、两颊、下颚、鼻子周边用手指点开，然后均匀抹开。不习惯的朋友可以用粉扑，但用手指来操作吸收的效果会更好哦！因为手指有温度，可以让粉底之类的更好地融合在肌肤上。

这款BB霜的遮盖效果不错哦，用了之后皮肤明显白皙干净了一个层次，整个脸看上去很粉嫩。

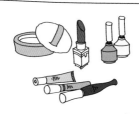

给蜜粉一个特写吧，和BB霜一起买的。

上了蜜粉后，妆面就不容易花了。

用蜜粉自带的粉扑在脸上轻拍，注意用量不必太多，轻拍一些就可以了，这个主要起到定妆效果。

下面开始修容的步骤，这本美妆宝典真的是很实用，刚开始学化妆的朋友可以准备一份，包含的东西很齐全呢，粉饼、修容、腮红都包含在内了。

用白色提亮粉打在鼻梁部位，有抬高鼻子的作用。

想要鼻子看上去更加立体，教你一招，可以用深色修容粉在鼻翼两侧轻扫，视觉效果上绝对震撼。

用大刷子蘸取少量深色修容粉。

在两颊处轻扫，这可是打造小脸美女的不二法宝，小V脸就是这么打造出来的。

用立体眼影刷蘸取白色眼影在眼窝处轻扫，有提亮眼窝的效果，让整个眼妆看起来更加立体。

用白色眼线笔描绘整个外眼眶，可以制造大眼效果。

看眼部化妆的效果图。其实化眼妆很简单，选择咖啡色眼影轻扫在眼皮上，位置刚好到双眼皮褶皱处，就可以画眼线了。

很实用的眼线笔，笔头很软、很好用，建议初学者人手必备。

初学彩妆的朋友可以尝试，沿着睫毛根部一点一点填满整个上眼睑，想要制造夸张效果的女孩子可以拉长眼尾。记得眼尾是平拉出来的哦，线条和眼头是在一条直线上的。

下眼线可以用同样的方法，不需要全部填满，在眼尾部位轻描一点儿就可以了。

再用深色系的眼影将眼线和浅色眼影的连接处晕染，将眼线和眼影自然融合，在眼尾轻扫，让两者看上去自然融合。

左右眼对比图，画完眼线眼睛看上去是不是更有神了？

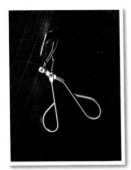

想让自己的睫毛更加融合于假睫毛，就先用睫毛夹把自己的睫毛夹翘一点儿吧。

请出今天妆容的必备工具——睫毛夹。

第一个是上睫毛，Party妆可以使用夸张点儿的，平时的生活妆就可以用自然款的。

这个是下睫毛。想要比较夸张的眼妆，可以把睫毛剪断来用，把一部分黏到下睫毛的眼尾处。

假睫毛出场，平时要买很多一次性的假睫毛是很浪费的，燕子选的这款睫毛是可以重复利用的。

在假睫毛上刷上胶水，等假睫毛半干后，再粘到眼睛上。

一部分下睫毛的大图，就是从整个假睫毛上剪下来的部分。

第一层睫毛已经贴好了，现在就要在眼尾的部位再补贴一层。有很多爱美的女孩子不会补贴睫毛，大家要看仔细模特的示范：将睫毛比对一下上眼尾部分，确定好睫毛要贴的位置。

将睫毛放上后，你可以看效果图，是不是和前半段睫毛有连接，可以很自然地将普通睫毛变成超长睫毛，这样假睫毛就极大地拉长了眼睛。

用手把睫毛固定一下

然后是下睫毛部分了，用刚才剪下来的一小部分贴在下眼睑的尾部。

这个是贴了四段下睫毛的效果图。

可以把下睫毛分段剪开，剪成一段一段的，分开粘，比较好掌握。

然后用镊子固定一下粘的睫毛

两只眼睛的对比……是不是都被吓了一跳，效果很明显对不对？爱美的女孩子可以仔细看，基本没有化眼影哦，只要有长睫毛照样可以hold得住场面。

选择有拉长睫毛效果的睫毛膏

想让真假睫毛自然服帖，就用睫毛膏把它们融合在一起。

先刷上睫毛的部分，从睫毛根部沿"Z"字走向拉出，直至睫毛末端。

下睫毛也不能落下，将真下睫毛和假下睫毛自然融合。

画眉，先用眉刷整理一下眉毛。

沿着自己本来的眉形填补眉毛稀疏或空缺的部分，让整个眉形看上去自然平整。

刚才这么多造型，都是用一盒美妆宝典完成的，这是和"大功臣"的合影！

美妆宝典里也有腮红哦！

用腮红刷在两个脸颊的侧面轻扫，让肌肤看上去白里透红。

两只唇蜜的特写镜头，都是燕子我特别喜欢的颜色。

唇膏，等一下它会发挥大作用的，就是因为它，能让你一个妆容有百变的造型哦！

裸妆是今年的大热，先用这个颜色做个造型试试。

裸色嘴唇会在视觉上给人很憔悴的感觉，所以一定要涂上唇蜜，让双唇看上去更粉嫩、更惹人爱。

粉嘟嘟颜色的唇蜜让双唇看上去更加诱人。

第一个造型完成！有没有清纯小女生的感觉？在接下来的同学聚会中就可以自信地亮相了。

大家可以发现虽然用了裸色唇膏，但是配上粉嘟嘟的唇蜜，唇部还是显得很粉嫩可爱。

第一个清纯小女生妆容完成了，晒个整体效果图。

接下来用橘色唇膏，换一个造型。注意啊，妆容可是一点儿都没变，只有唇膏颜色变换了一下。

搭配上浪漫的卷发，有没有感觉换了一种风格，比较有公主风。

所以说唇膏的作用还是不容小视的，想要改变造型又不想换妆容的女孩子是不是有些动心了呢？

涂抹上大红色的口红，就可以变身御姐了。要用比较鲜艳的热辣红显示女王范儿哦！

这些口红的颜色还是比较跳跃的，但是不跳跃怎么能显示出与众不同呢？在美女云集的各种party上，我就要当主角啦！